Sitzungsberichte der Heidelberger Akademie der Wissenschaften

Mathematisch-naturwissenschaftliche Klasse

Die Jahrgänge bis 1921 einschließlich erschienen im Verlag von Carl Winter, Universitätsbuchhandlung in Heidelberg, die Jahrgänge 1922—1933 im Verlag Walter de Gruyter & Co. in Berlin, die Jahrgänge 1934—1944 bei der Weißschen Universitätsbuchhandlung in Heidelberg. 1945, 1946 und 1947 sind keine Sitzungsberichte erschienen.

Ab Jahrgang 1948 erscheinen die „Sitzungsberichte" im Springer-Verlag.

Inhalt des Jahrgangs 1950:

1. W. TROLL und W. RAUH. Das Erstarkungswachstum krautiger Dikotylen, mit besonderer Berücksichtigung der primären Verdickungsvorgänge. DM 13.40.
2. A. MITTASCH. Friedrich Nietzsches Naturbeflissenheit. DM 8.80.
3. W. BOTHE. Theorie des Doppellinsen-β-Spektrometers. DM 1.90.
4. W. GRAEUB. Die semilinearen Abbildungen. DM 7.20.
5. H. STEINWEDEL. Zur Strahlungsrückwirkung in der klassischen Mesonentheorie. — Die klassische Mesondynamik als Fernwirkungstheorie. DM 1.80.
6. B. HACCIUS. Weitere Untersuchungen zum Verständnis der zerstreuten Blattstellungen bei den Dikotylen. DM 6.20.
7. Y. REENPÄÄ. Die Dualität des Verstandes. DM 6.80.
8. PETERSSON. Konstruktion der Modulformen und der zu gewissen Grenzkreisgruppen gehörigen automorphen Formen von positiver reeller Dimension und die vollständige Bestimmung ihrer Fourierkoeffizienten. DM 9.80.

Inhalt des Jahrgangs 1951:

1. A. MITTASCH. Wilhelm Ostwalds Auslösungslehre. DM 11.20.
2. F. G. HOUTERMANS. Über ein neues Verfahren zur Durchführung chemischer Altersbestimmungen nach der Blei-Methode. DM 1.80.
3. W. RAUH und H. REZNIK. Histogenetische Untersuchungen an „Blüten- und Infloreszenzachsen sowie der Blütenachsen einiger Rosoideen, I. Teil. DM 10.—.
4. G. BUCHLOH. Symmetrie und Verzweigung der Lebermoose. Ein Beitrag zur Kenntnis ihrer Wuchsformen. DM 10.—.
5. L. KOESTER und H. MAIER-LEIBNITZ. Genaue Zählung von β-Strahlen mit Proportionalzählrohren. DM 2.25.
6. L. HEFFTER. Zur Begründung der Funktionentheorie. DM 2.30.
7. W. BOTHE. Die Streuung von Elektronen in schrägen Folien. DM 2.40.

Inhalt des Jahrgangs 1952:

1. W. RAUH. Vegetationsstudien im Hohen Atlas und dessen Vorland. DM 17.80.
2. E. RODENWALDT. Pest in Venedig 1575—1577. Ein Beitrag zur Frage der Infektkette bei den Pestepidemien West-Europas. DM 28.—.
3. E. NICKEL. Die petrogenetische Stellung der Tromm zwischen Bergsträßer und Böllsteiner Odenwald. DM 20.40.

Sitzungsberichte
der Heidelberger Akademie der Wissenschaften
Mathematisch-naturwissenschaftliche Klasse

Jahrgang 1968, 1. Abhandlung

Verzerrungssätze bei holomorphen Abbildungen von Hauptbereichen automorpher Gruppen mehrerer komplexer Veränderlicher in eine Kähler-Mannigfaltigkeit

Von

Alexander Dinghas

I. Mathematisches Institut der Freien Universität Berlin

(Vorgelegt in der Sitzung vom 9. Dezember 1967)

Heidelberg 1968
Springer-Verlag

ISBN-13: 978-3-540-04332-4   e-ISBN-13: 978-3-642-48042-3
DOI: 10.1007/978-3-642-48042-3

Alle Rechte vorbehalten.
Kein Teil dieses Buches darf ohne schriftliche Genehmigung des Springer-Verlages übersetzt oder in irgendeiner Form vervielfältigt werden.

© by Springer-Verlag, Berlin · Heidelberg · New York 1968

Die Wiedergabe von Gebrauchsnamen, Handelsnamen, Warenbezeichnungen usw. in dieser Abhandlung berechtigt auch ohne besondere Kennzeichnung nicht zu der Annahme, daß solche Namen im Sinne der Warenzeichen- und Markenschutz-Gesetzgebung als frei zu betrachten wären und daher von jedermann benutzt werden dürften.

Titel-Nr. 3711

Verzerrungssätze bei holomorphen Abbildungen von Hauptbereichen automorpher Gruppen mehrerer komplexer Veränderlicher in eine Kähler-Mannigfaltigkeit

ALEXANDER DINGHAS

I. Mathematisches Institut der Freien Universität Berlin

1. Einleitung

Es bezeichne C^n den n-dimensionalen komplexen Raum, $z = (z^1, \ldots, z^n)$ einen Punkt von C^n und H^n den zugehörigen Hermiteschen Raum mit den Punkten $(z, \bar{z})$, wobei allgemein $\bar{z} = (\bar{z}^1, \ldots, \bar{z}^n)$ den zu z konjugiert komplexen Punkt von C^n bedeutet[1]. Wir betrachten Abbildungen $(w, \bar{w}): H \to M^n$ von Hauptbereichen H automorpher Gruppen von n komplexen Veränderlichen in eine Kähler-Mannigfaltigkeit M^n negativer Ricci-Krümmung durch Systeme $w = (w^1, \ldots, w^n)$ von holomorphen Funktionen $w^1, \ldots, w^n$. Folgende Bemerkungen sollen den Inhalt der Arbeit kurz erläutern:

In [1] und [2] wurden Abschätzungen des absoluten Betrages $|J|$ der (Jacobischen) Funktionaldeterminante

$$J = \det\left[\frac{\partial w^i}{\partial z^k}\right] = \left|\frac{\partial w^i}{\partial z^k}\right| \quad (i, k = 1, \ldots, n) \tag{1.1}$$

für ein System w gegeben, das die Einheitskugel

$$C_n = \{(z, \bar{z}): \|z\|^2 = z^\alpha z^{\bar{\alpha}} < 1\}\,[2] \tag{1.2}$$

von H^n in eine Mannigfaltigkeit M^n mit der Kählerschen Metrik

$$ds^2 = 2g_{\alpha\bar{\beta}}\, dw^\alpha\, dw^{\bar{\beta}} \quad (g_{\alpha\bar{\beta}} = g_{\alpha\bar{\beta}}(w, \bar{w})) \tag{1.3}$$

abbildet. Das Hauptergebnis der Arbeit [1] lautet:

Satz 1. *Es sei* $(w, \bar{w}): C_n \to M^n$ *eine holomorphe Abbildung von C_n in M^n mit den Eigenschaften:*

---

[1] Im folgenden wird $\bar{z}^k$ auch durch $z^{\bar{k}}$ bezeichnet werden.

[2] Nach dem Vorbild des Tensorkalküls wird über zweimal vorkommende gleiche Indizes von $\alpha = 1$ bis $\alpha = n$ summiert. Entsprechendes soll auch für die doppelt auftretenden Indizes, etwa α und $\bar{\alpha}$, gelten.

1. *Die Ricci-Differentialform*

$$R_{\alpha\bar\beta}\, dw^\alpha\, dw^{\bar\beta} \qquad (1.4)$$

ist in jedem Punkt von M^n negativ.

2. *Es gilt*

$$|-R_{\alpha\bar\beta}| \geq (n+1)^n |g_{\alpha\bar\beta}| \qquad (1.5)$$

in jedem Punkt von M^n.[3]

Dann gilt in C_n die Ungleichung

$$|g_{\alpha\bar\beta}|\,|J|^2 \leq (1-\|z\|^2)^{-(n+1)}. \qquad (1.6)$$

Hierbei bedeutet $|g_{\alpha\bar\beta}|$ die (positive) Determinante der Matrix $[g_{\alpha\bar\beta}]$ der $g_{\alpha\bar\beta}$ und $R_{\alpha\bar\beta}$ die Komponenten des Ricci-Tensors der Mannigfaltigkeit M^n. Bekanntlich gilt

$$R_{\alpha\bar\beta} = -\frac{\partial^2}{\partial w^\alpha \partial w^{\bar\beta}} \log |g_{\alpha\bar\beta}|.\text{[4]} \qquad (1.7)$$

Aus dem Satz 1 folgt der Satz:

Satz 2. *Es sei $(w, \bar w): C_n \to C_n$ eine holomorphe Abbildung von C_n in sich. Dann gilt die Ungleichung*

$$|J|^2 \leq \left\{ \frac{(1-\|w\|^2)}{(1-\|z\|^2)} \right\}^{n+1} \qquad (1.8)$$

Der Inhalt der Arbeit [1] wurde kurz vor ihrem Erscheinen, Anfang März 1966[5] an der Pennsylvania State University und kurz danach an der University of California, Santa Barbara, vorgetragen. Die Arbeit [2] bezweckte an erster Stelle einige in [1] allzu kurz bewiesene Hilfssätze ausführlicher zu beweisen und zu begründen. Kürzlich haben MITCHELL und HAHN in [3] mit Hilfe der Methode von [1] und unter Heranziehung der Theorie der Bergmanschen Kernfunktion eines beschränkten Gebietes von H^n einige interessante Verzerrungssätze bewiesen und deren Beweis kurz skizziert. Dieser Vorstoß zeigt sowohl die Wichtigkeit der Bergmanschen Kernfunktion als auch die Verallgemeinerungsfähigkeit der in [1], im Anschluß an die Arbeit [5] von AHLFORS entwickelten allgemeinen Methode.

---

[3] Man vgl. [1], S. 484 f.
[4] Man vgl. [1] und [5].
[5] Die Arbeit wurde an die Redaktion der Festschrift Ende Februar 1965 eingereicht.

In der vorliegenden Mitteilung sollen vorerst die (durch die Theorie der Kernfunktion schwer erfaßbaren) Fälle der beiden nicht beschränkten Gebiete

$$C'_n = \left\{(z,\bar{z}): (z^1+\bar{z}^1)^2 - \sum_{2}^{n}(z^k+\bar{z}^k)^2 > 0,\ z^1+\bar{z}^1 > 0\right\} \quad (1.9)$$

bzw.

$$C''_n = \{(z,\bar{z}): z^k+\bar{z}^k > 0,\ k=1,\ldots,n\} \quad (1.10)$$

ins Auge gefaßt und entsprechende Verzerrungsungleichungen wie im Falle der Einheitskugel C_n (im folgenden: Fall I) bewiesen werden. Das Ergebnis ist etwas überraschend und kann kurz folgendermaßen zusammengefaßt werden: Sowohl im Falle I, als auch in den Fällen II und III (d. h. C'_n und C''_n) kann dem in Frage kommenden Gebiet eine (ausgezeichnete Kählersche) Metrik

$$ds^2 = 2\hat{g}_{\alpha\bar{\beta}}\,dz^\alpha\,d\bar{z}^\beta \quad (1.11)$$

aufgeprägt werden mit der Eigenschaft

$$\frac{\partial^2}{\partial z^\alpha \partial \bar{z}^\beta}\log|\hat{g}_{\alpha\bar{\beta}}| = c_0\,\hat{g}_{\alpha\bar{\beta}} \quad (\alpha=1,\ldots,n;\ \bar{\beta}=\bar{1},\ldots,\bar{n}), \quad (1.12)$$

wobei c_0 eine positive Zahl ist, die vom jeweiligen Gebiet abhängt. Man setze $\hat{\Phi} = \log|\hat{g}_{\alpha\bar{\beta}}|$ und beachte, daß $\hat{\Phi}$ der partiellen Differentialgleichung

$$|\hat{\Phi}_{z^\alpha\bar{z}^\beta}| = c\,e^{\hat{\Phi}} \quad (c=c_0^n) \quad (1.13)$$

genügt. Die Klasse der Funktionen Φ mit $\Phi = \log|g_{\alpha\bar{\beta}}|$ mit den Eigenschaften

$$\Phi_{z^\alpha\bar{z}^\beta}dz^\alpha\,d\bar{z}^\beta > 0 \quad (1.14)$$

und

$$|\Phi_{z^\alpha\bar{z}^\beta}| \geq c\,e^{\Phi}, \quad (1.15)$$

liefert die Klasse der Sublösungen von (1.13). Offenbar ist $\hat{\Phi}$ eine (triviale) Sublösung von (1.13).

Die Bedingungen (1.14) und (1.15) können auch mit Hilfe der Ricci-Krümmung

$$M = \frac{R_{\alpha\bar{\beta}}\,dz^\alpha\,d\bar{z}^\beta}{g_{\alpha\bar{\beta}}\,dz^\alpha\,d\bar{z}^\beta}\;[6] \quad (1.16)$$

formuliert werden. In der Tat folgt zunächst aus (1.14), daß sämtliche in Betracht gezogenen Mannigfaltigkeiten M^n eine negative Krümmung haben müssen. Dagegen besagt (1.15), daß der Inhalt des Ricci- und des metrischen Ellipsoids in jedem Punkt $(z,\bar{z})$ von

---

[6] Man vgl. [4].

M^n oberhalb c liegen muß. Daß die Klasse der Sublösungen von
(1.13) sämtliche Mannigfaltigkeiten M^n enthält, deren Ricci-
Krümmung $\leq -c_0$ ist, ist trivial und bedarf keiner weiteren Er-
läuterung.

Die Determinante $|g_{\alpha\bar{\beta}}|$ ist im Falle I gleich der Bergmanschen
Kernfunktion $K(z,\bar{z})$ des Gebietes C_n und man kann mehr oder
weniger das gleiche für die Fälle II und III behaupten[7]. Ob dies
allgemein für jedes Gebiet von H^n gilt, wird hier nicht untersucht.
Würde die Vermutung (was keineswegs zu sein braucht) zutreffen,
daß $\log K$ eine Lösung von (1.15) mit unendlichen Randwerten
und einem positiven (vom jeweiligen Gebiet abhängigen) c ist[8], so
wäre man imstande, sowohl der Bergmanschen Metrik

$$ds^2 = 2 \frac{\partial^2}{\partial z^\alpha \partial \bar{z}^\beta} \log K \, dz^\alpha \, d\bar{z}^\beta \qquad (1.17)$$

als auch der Bergmanschen Kernfunktion K eine differentialgeo-
metrische Deutung zu geben. Andererseits ist es möglich, daß
sowohl die Differentialgleichung (1.13) als auch die Eigenschaften
der Sublösungen Φ lediglich mit der Tatsache zusammenhängen,
daß die Gebiete C_n, C_n' und C_n'' Hauptbereiche von automorphen
Gruppen von n komplexen Veränderlichen sind. Diese Gruppen
spielen auch bei der Diskussion der Extremalfälle, d.h. der Einzig-
keitsfrage, der Verzerrungssätze eine wesentliche Rolle.

2. Hilfssätze

Folgende Hilfssätze sind für den Beweis der Verzerrungssätze
von 4 und 5 von Bedeutung:

Hilfssatz 1. *Es sei $A = [a_{\mu\bar{\nu}}]_q$ eine Hermitesche Matrix der kom-
plexen Zahlen $a_{\mu\bar{\nu}}$ ($\mu = 1, \ldots, q; \bar{\nu} = \bar{1}, \ldots, \bar{q}$), z, ζ Punkte von C^q und
λ ein komplexer Parameter. Dann gilt die Identität*

$$|a_{\mu\bar{\nu}} + \lambda z^\mu \bar{\zeta}^\nu| = |a_{\mu\bar{\nu}}| - \lambda \begin{vmatrix} 0 & \bar{\zeta}^1 \ldots \bar{\zeta}^q \\ z^1 & \\ \vdots & [a_{\mu\bar{\nu}}]_q \\ z^q & \end{vmatrix}. \qquad (2.1)$$

Hierbei wurde $|a_{\mu\bar{\nu}}|$ für $\det [a_{\mu\bar{\nu}}]_q$ geschrieben.

---
[7] Nach einer brieflichen Mitteilung von Herrn SCHIFFER Anfang März
1967. Bis dahin war lediglich der Fall $n = 2$ behandelt worden.
[8] In [2], S. 167, wird ein ähnlicher Satz mit $(n+1)^n$ anstelle c aufgestellt.
Der Übergang zu einem allgemeinen c erfordert weder neue Kunstgriffe
noch eine Abänderung der Methode.

Beweis. Es bezeichne Δ die linke Seite von (2.1). Dann ist $\frac{\partial^2 \Delta}{\partial \lambda^2} = 0$ und somit Δ linear in λ. Wegen $\Delta(0) = |a_{\mu\bar{\nu}}|_q$ und

$$\frac{\partial \Delta}{\partial \lambda}\bigg|_{\lambda=0} = -\begin{vmatrix} 0 & \bar{\zeta}^1 \ldots \bar{\zeta}^q \\ z^1 & \\ \vdots & [a_{\mu\bar{\nu}}] \\ z^q & \end{vmatrix} \quad ([a_{\mu\bar{\nu}}] = [a_{\mu\bar{\nu}}]_q)$$

muß (2.1) gelten.

Aus dem Hilfssatz 1 folgt ohne weiteres der Satz:

Hilfsatz 2. *Es sei $|a_{\mu\bar{\nu}}|_n \neq 0$ und $[a^{\mu\bar{\nu}}]$ die zu $[a_{\mu\bar{\nu}}]$ (kovariante) inverse Matrix*[9]. *Dann gilt die Gleichung*

$$|a_{\mu\bar{\nu}} + \lambda z^\mu \bar{\zeta}^\nu| = |a_{\mu\bar{\nu}}| \{1 + \lambda \bar{a}^{\mu\bar{\nu}} z^\mu \bar{\zeta}^\nu\}. \tag{2.2}$$

Beweis. Es bezeichne $A^{\mu\bar{\nu}}$ das algebraische Komplement von $a_{\mu\bar{\nu}}$ in $[a_{\mu\bar{\nu}}]$. Dann gilt die Gleichung

$$A^{\mu\bar{\nu}} = \bar{a}^{\mu\bar{\nu}} \det[a_{\varrho\bar{\sigma}}]. \tag{2.3}$$

Da nun noch

$$-\begin{vmatrix} 0 & \bar{\zeta}^1 \ldots \bar{\zeta}^n \\ z^1 & \\ \vdots & [a_{\mu\bar{\nu}}] \\ z^n & \end{vmatrix} = A^{\mu\bar{\nu}} z^\mu \bar{\zeta}^\nu$$

gilt, so muß (2.2) gelten.

Hilfssatz 3. *Man setze* [10]

$$F(z, \bar{z}) = a_{\mu\mu} z^\mu z^\mu + a_{\mu\bar{\mu}} z^\mu z^{\bar{\mu}} + a_{\bar{\mu}\mu} z^{\bar{\mu}} z^\mu + a_{\bar{\mu}\bar{\mu}} z^{\bar{\mu}} z^{\bar{\mu}} + c$$

mit $c, a_{\mu\mu} = a_{\bar{\mu}\bar{\mu}}, a_{\mu\bar{\mu}} = a_{\bar{\mu}\mu} \neq 0$ reell, und nehme an, es existiere ein nichtleeres Gebiet H von $\boldsymbol{H}^n$ mit der Eigenschaft $F(z, \bar{z}) > 0$ $[(z, \bar{z}) \in H]$. Dann genügt die Funktion $V = \log F^{-1}$ der partiellen Differentialgleichung

$$|V_{z^\alpha \bar{z}^\beta}| = \frac{(-2)^n}{F^{n+1}} a(F - 2a_{\mu\bar{\mu}}^{-1} A_\mu A_{\bar{\mu}}) \tag{2.4}$$

in H. Hierbei ist

$$a = \prod_1^n a_{\mu\bar{\mu}} = a_{1\bar{1}} a_{2\bar{2}} \ldots a_{n\bar{n}}$$

---

[9] Hiermit ist die Determinante $[a^{\mu\bar{\nu}}]$ gemeint, deren Elemente $a^{\mu\bar{\nu}}$ gleich den algebraischen Komplementen der $a_{\mu\bar{\nu}}$ dividiert durch die Determinante $|a_{\mu\bar{\nu}}|$ der $a_{\mu\bar{\nu}}$ sind.

[10] Hier ist von $\mu = 1$ bis $\mu = n$ (und entsprechend von $\bar{\mu} = \bar{1}$ bis $\bar{\mu} = \bar{n}$) zu summieren.

und
$$A_\mu = a_{\mu\mu}z^\mu + a_{\mu\bar\mu}z^{\bar\mu}, \quad A_{\bar\mu} = a_{\bar\mu\bar\mu}z^{\bar\mu} + a_{\bar\mu\mu}z^\mu$$
(keine Summation über μ bzw. $\bar\mu$).

Beweis. Man setze $a_{\mu\nu} = a_{\bar\mu\bar\nu} = a_{\mu\bar\nu} = a_{\bar\mu\nu} = 0$ für $\mu \neq \nu$. Dann wird

und
$$-\frac{1}{2}V_{z^\alpha} = -\frac{1}{2}\frac{\partial V}{\partial z^\alpha} = \frac{1}{F}(a_{\alpha\mu}z^\mu + a_{\alpha\bar\mu}z^{\bar\mu})$$

$$-\frac{1}{2}V_{z^\alpha \bar z^\beta} = \frac{a_{\alpha\bar\beta}}{F} - \frac{2}{F^2}(a_{\alpha\mu}z^\mu + a_{\alpha\bar\mu}z^{\bar\mu})(a_{\bar\beta\bar\mu}z^{\bar\mu} + a_{\bar\beta\mu}z^\mu)$$

$$= \frac{a_{\alpha\bar\beta}}{F} - \frac{2}{F^2}A_\alpha A_{\bar\beta}.$$

Daraus folgt wegen Hilfssatz 1 die Identität

$$|V_{z^\alpha \bar z^\beta}| = \frac{(-2)^n}{F^n}\left\{|a_{\mu\bar\nu}| + \frac{2}{F}\begin{vmatrix} 0 & A_{\bar 1}\ldots A_{\bar n} \\ A_1 & \\ \vdots & [a_{\mu\bar\nu}] \\ A_n & \end{vmatrix}\right\}$$

und somit

$$|V_{z^\alpha \bar z^\beta}| = \frac{(-2)^n |a_{\mu\bar\nu}|}{F^{n+1}}\{F - 2a^{\mu\bar\mu}A_\mu A_{\bar\mu}\}.$$

Nun ist $[a_{\mu\bar\nu}]$ eine Diagonalmatrix und somit $a^{\mu\bar\mu} = \bar a^1_{\mu\bar\mu}$. Das beweist wegen $|a_{\mu\bar\nu}| = a$ die Identität (2.4).

Aus dem Hilfssatz 3 folgen ohne weiteres die Sätze:

Hilfssatz 4. *In jedem Punkt von C_n gilt die Gleichung*
$$|V_{z^\alpha \bar z^\beta}| = F^{-(n+1)} \tag{2.5}$$
mit $F(z, \bar z) = 1 - \|z\|^2$ und $V = \log F^{-1}$.

Hilfssatz 5. *In jedem Punkt von C'_n gilt die Gleichung*
$$|V_{z^\alpha \bar z^\beta}| = 2^n F^{-n}. \tag{2.6}$$
Hierbei ist
$$F(z, \bar z) = (z^1 + \bar z^1)^2 - \sum_{2}^{n}(z^k + \bar z^k)^2$$
und $V = \log F^{-1}$.

Hilfssatz 6. *Die quadratische (Hermitesche) Differentialform*
$$V_{z^\alpha \bar z^\beta}\, dz^\alpha\, d\bar z^\beta \tag{2.7}$$
mit $V = \log(1 - \|z\|^2)^{-1}$ ist in jedem Punkt von C_n positiv definit.

Beweis. Man vgl. [1] oder [2].

Hilfssatz 7. *Die reelle quadratische Differentialform*
$$V_{z^\alpha \bar{z}^\beta} dz^\alpha d\bar{z}^\beta \tag{2.8}$$
mit
$$V = \log\left\{(z^1+\bar{z}^1)^2 - \sum_{2}^{n}(z^k+\bar{z}^k)^2\right\}^{-1}$$
ist in jedem Punkt von C'_n positiv definit.

Beweis. Es bezeichne L_n ($L_n = F$!) den Ausdruck
$$\sum_{1}^{n} a_{\mu\bar{\mu}}(z^\mu+\bar{z}^\mu)^2$$
mit $a_{1\bar{1}}=1$, $a_{2\bar{2}}=\cdots=a_{n\bar{n}}=-1$ und L_q ($1 \leq q \leq n$) den Ausdruck
$$\sum_{k=1}^{q} a_{\mu_k \bar{\mu}_k}(z^{\mu_k}+\bar{z}^{\mu_k})^2$$
mit $1 \leq \mu_1 < \cdots < \mu_q \leq n$. Wir ergänzen $[a_{\mu\bar{\mu}}]$ zu einer Matrix $[a_{\mu\bar{\nu}}]$, indem wir $a_{\mu\bar{\nu}}=0$ für $\mu \neq \nu$ setzen und schreiben a_q für $a_{\mu_1\bar{\mu}_1}\ldots a_{\mu_q\bar{\mu}_q}$. Offenbar ist $a_q=(-1)^{q-1}$ für $\mu_1=1$ und $a_q=(-1)^q$ für $1 < \mu_1$. Wir verfahren, wie beim Beweis des Hilfssatzes 3 und erhalten für die Determinante $D_q = |V_{z^{\mu_i}\bar{z}^{\mu_k}}|$ (einen Hauptminor von $|V_{z^\alpha \bar{z}^\beta}|$) die Gleichung
$$D_q = -\frac{(-2)^q}{F^{q+1}} a_q (2L_q - F).$$
Ist nun $\mu_1=1$, so gilt $a_q=(-1)^{q-1}$ und somit $(-2)^{q-1}a_q = 2^{q-1}$. Das liefert wegen $2L_q - F \geq F$ die Ungleichung $|V_{z^{\mu_i}\bar{z}^{\mu_k}}| > 0$. Ist dagegen $\mu_1 > 1$, so ist $a_q = (-1)^q$ und $2L_q - F < 0$. Das beweist den Hilfssatz 7.

Entsprechende Sätze gelten für das Gebiet C''_n:

Hilfssatz 8. *Man setze für $(z,\bar{z}) \in C''_n$*
$$F(z,\bar{z}) = \prod_{1}^{n}(z^k+\bar{z}^k) \tag{2.9}$$
und $V = \log F^{-1}$. Dann genügt V der partiellen Differentialgleichung
$$|V_{z^\alpha \bar{z}^\beta}| = F^{-2}. \tag{2.10}$$
Darüber hinaus ist die quadratische Differentialform
$$V_{z^\alpha \bar{z}^\beta} dz^\alpha d\bar{z}^\beta \tag{2.11}$$
in jedem Punkt von C''_n positiv definit.

Beweis. Es gilt

$$V_{z^\alpha \bar{z}^\beta} = (z^\beta + \bar{z}^\beta)^{-2} \delta_{\alpha\beta} \quad (\delta_{\alpha\beta} = \text{Kronecker}).$$

Das beweist sowohl (2.10) als auch (2.11).

Aus den Hilfssätzen 4, 5 und 8 folgt, daß die Differentialgleichung (1.13) in C_n, C'_n, C''_n Lösungen besitzt, welche (für sämtliche im C^n gelegene Randpunkte) die Randwerte $+\infty$ besitzen, sofern c_0 die Werte $n+1$, $2n$ und 2 hat. Dies folgt aus (2.5), (2.6) und (2.10), wenn man dort der Reihe nach F durch F^{n+1}, F^n und F^2 ersetzt, und V für $\log F^{-(n+1)}$, $\log F^{-n}$ und $\log F^{-2}$ schreibt.

Sämtliche hier bewiesenen Hilfssätze besitzen einen affinen Charakter und können direkt für allgemeinere Hauptbereiche, sofern deren Rand durch eine (reelle) Quadrik gegeben wird, bewiesen werden. Wir gehen darauf nicht ein.

3. Weitere Hilfssätze für die Hauptbereiche C'_n und C''_n

Wir führen zur Abkürzung die Größen $Z_k = z^k + \bar{z}^k$ ein und bezeichnen bei gegebenem $d > 0$ das Teilgebiet

$$\left\{ (z, \bar{z}) : Z_1^2 - \sum_{2}^{n} Z_k^2 > 0, \ 0 < Z_1 < d \right\} \quad (3.1)$$

von C'_n durch C'_d. Wir setzen für einen Punkt $(z, \bar{z}) \in C'_d$

$$\hat{\Phi} = \log \hat{V}(z, \bar{z}) = \log \frac{1}{(Z_1^2 - Z_0^2)^n} \quad (3.2)$$

und

$$\Phi^1 = \log V^1(z, \bar{z}) = \log \left(\frac{d^2}{d^2 - Z_1^2} \right)^q \quad (3.3)$$

mit $Z_0^2 = Z_2^2 + \cdots + Z_n^2$, $q > 0$, und beweisen den Satz:

Hilfssatz 9. *Man setze*

$$\Phi^0 = \hat{\Phi} + \Phi^1. \quad (3.4)$$

Dann gilt die Identität

$$|\Phi^0_{z^\alpha \bar{z}^\beta}| = |\hat{\Phi}_{z^\alpha \bar{z}^\beta}| + \Phi^1_{z^1 \bar{z}^1} |\hat{\Phi}_{z^\mu \bar{z}^\nu}|_{n-1}. \quad (3.5)$$

Dabei soll $|\hat{\Phi}_{z^\mu \bar{z}^\nu}|_{n-1}$ *diejenige Determinante bedeuten, die man aus der Matrix* $[\hat{\Phi}_{z^\alpha \bar{z}^\beta}]$ *erhält, wenn man die erste Spalte und die erste Zeile streicht.*

Beweis. Es ist

$$\Phi^1_{z^1 \bar{z}^1} = 2q \frac{d^2 + Z_1^2}{(d^2 - Z_1^2)^2}$$

und
$$\Phi^1_{z^\alpha \bar{z}^\beta} = 0 \quad \text{für } (\alpha, \beta) \neq (1, 1).$$

Das beweist (3.5).

Nachfolgende Hilfssätze schließen zunächst die Reihe derjenigen Sätze, die für den Beweis von (4.8) von grundlegender Bedeutung sind.

Hilfssatz 10. *Man setze $n \geq 2$ voraus und definiere C'_d bei gegebenem $0 < d < +\infty$ durch die Gleichung*

$$C'_d = \{(z, \bar{z}) : Z_1^2 - Z_0^2 > 0,\ 0 < Z_1 < d\}. \tag{3.6}$$

Dann kann für $2q > 5n$ die Ungleichung

$$\left(\frac{d^2}{d^2 - Z_1^2}\right)^q \leq 1 + \frac{q}{n} \frac{d^2 + Z_1^2}{(d^2 - Z_1^2)^2} Z^2 \tag{3.7}$$

mit $Z^2 = Z_1^2 + Z_0^2 = Z_1^2 + \cdots + Z_n^2$ für keinen Punkt von (3.6) gelten.

Beweis. Man setze $Z_1^2 = d^2 x$ ($0 < x < 1$). Dann folgt aus (3.7) wegen $Z^2 = Z_1^2 + \cdots + Z_n^2 < 2Z_1^2$

$$1 \leq (1-x)^q + \frac{2q}{n}(1+x)\, x(1-x)^{q-2}.$$

Es sei

$$y = y(x) = (1-x)^q + \frac{2q}{n} x(1+x)(1-x)^{q-2} - 1$$

gesetzt. Man bilde y' und beachte, daß in $]0, 1[$ die Ungleichung

$$y'(x) < -q\, x(1-x)^{q-3}(1+x)\left(\frac{2q}{n} - 5\right) < 0$$

gilt. Somit ist wegen $y(0) = 0$, y negativ in $]0, 1[$. Das beweist den Hilfssatz 10.

Hilfssatz 11. *Man setze für $n \geq 1$, $0 < \varepsilon < +\infty$*

$$C''_\varepsilon = \{(z, \bar{z}) : Z_\alpha > 0,\ Z_\alpha - \varepsilon |z^\alpha|^2 > 0,\ \alpha = 1, \ldots, n\} \tag{3.8}$$

und

$$\hat{\Phi} = \log \frac{1}{\Pi_\varepsilon^2} = \log \prod_1^n (Z_\alpha - \varepsilon |z^\alpha|^2)^{-2}. \tag{3.9}$$

Dann genügt $\hat{\Phi}$ in C''_ε der Differentialgleichung

$$|\hat{\Phi}_{z^\alpha \bar{z}^\alpha}| = 2^n e^{\hat{\Phi}}. \tag{3.10}$$

Ferner ist die quadratische Form

$$\hat{\Phi}_{z^\alpha \bar{z}^\beta}\, dz^\alpha\, d\bar{z}^\beta \tag{3.11}$$

in jedem Punkt von C''_ε positiv definit.

Beweis. Da $[\hat{\Phi}_{z^\alpha \bar{z}^\beta}]$ eine Diagonalmatrix ist, genügt es lediglich $\hat{\Phi}_{z^\alpha \bar{z}^\alpha}$ zu berechnen. Nun ist

$$\frac{1}{2}\hat{\Phi}_{z^\alpha} = \frac{\varepsilon \bar{z}^\alpha - 1}{Z_\alpha - \varepsilon z^\alpha \bar{z}^\alpha}$$

und

$$\frac{1}{2}\hat{\Phi}_{z^\alpha \bar{z}^\alpha} = \frac{1}{(Z_\alpha - \varepsilon z^\alpha \bar{z}^\alpha)^2} = \frac{1}{(Z_\alpha - \varepsilon |z^\alpha|^2)^2} > 0. \tag{3.12}$$

Daraus folgt

$$|\hat{\Phi}_{z^\alpha \bar{z}^\alpha}| = 2^n \prod_1^n (Z_\alpha - \varepsilon |z^\alpha|^2)^{-2}.$$

Das beweist den Hilfssatz 11.

4. Sublösungen und Ungleichungen

Es bezeichne D ein im Sinne von $\hat{D} \subset H^n$ ($\hat{D}$ ist die abgeschlossene Hülle von D) relativ kompaktes Gebiet von H^n und c eine positive, endliche Konstante. Wir nehmen an, daß die partielle Differentialgleichung

$$|\Phi_{z^\alpha \bar{z}^\beta}| = c\, e^\Phi \tag{4.1}$$

eine reelle Lösung $\hat{\Phi} = \log \hat{V}$ in D mit folgenden Eigenschaften besitzt:

1) die quadratische (Hermitesche) Differentialform

$$\hat{\Phi}_{z^\alpha \bar{z}^\beta}\, dz^\alpha\, d\bar{z}^\beta \tag{4.2}$$

ist in jedem Punkt von D positiv definit (also $\hat{\Phi}$ streng plurisubharmonisch) in D.

2) Es gilt

$$\lim_{(z, \bar{z}) \to \Gamma} \hat{V}(z, \bar{z}) = +\infty \quad (\Gamma = \hat{D} - D). \tag{4.3}$$

Die Existenz einer zweimal stetig differenzierbaren positiven Funktion $\hat{V}$ in D mit den Eigenschaften 1), 2) und

$$|\hat{\Phi}_{z^\alpha \bar{z}^\beta}| = c\, e^{\hat{\Phi}} \quad (c > 0 \text{ konstant}) \tag{4.4}$$

führt zu der Klasse (S) der Sublösungen von (4.1). Im folgenden wird (S) durch die Bedingungen abgegrenzt:

(i) $V > 0$ in D und $V \in C^2$ (zweimal stetig differenzierbar in D).

(ii) Die quadratische (Hermitesche) Form

$$\Phi_{z^\alpha \bar{z}^\beta}\, dz^\alpha\, d\bar{z}^\beta \quad (\Phi = \log V) \tag{4.5}$$

ist in D positiv semi-definit.

(iii) Es gilt
$$|\Phi_{z^\alpha \bar{z}^\beta}| \geqq c\, e^\Phi \qquad (4.6)$$
in jedem Punkt von D.

Satz 3. *Es bezeichne* $(w, \bar{w}): D \to D$ *eine holomorphe Abbildung von D in sich mit der Eigenschaft*
$$\hat{w}[D] \subset D.^{11} \qquad (4.7)$$
Dann gilt für jede in bezug auf (4.1) *Sublösung* $\Phi = \log V(z, \bar{z})$ *die Ungleichung*
$$V(w, \bar{w})\, |J|^2 \leqq \hat{V}(z, \bar{z}). \qquad (4.8)$$

Beweis. Beim Beweis darf offenbar ohne weiteres angenommen werden, daß V nach oben beschränkt für $(z, \bar{z}) \in D$ ist. Man setze $J \not\equiv 0$ voraus und betrachte die Teilmenge von D, für die $|J| > 0$ gilt. Wir definieren auf ihr die Funktion Y durch die Gleichung
$$Y(z, \bar{z}) = \log\{V(w, \bar{w})\, |J|^2\} = \Phi(w, \bar{w}) + \log(J\bar{J})$$
und beachte, daß
$$Y_{z^\alpha \bar{z}^\beta} = \frac{\partial w^\mu}{\partial z^\alpha} \frac{\partial \bar{w}^\nu}{\partial \bar{z}^\beta} \frac{\partial^2}{\partial w^\mu \partial \bar{w}^\nu} \Phi(w, \bar{w})$$
gilt. Das liefert zunächst die Identität
$$|Y_{z^\alpha \bar{z}^\beta}| = |\Phi_{w^\alpha \bar{w}^\beta}|\, |J|^2 \geqq c\, e^\Phi\, |J|^2 = c\, V(w, \bar{w})\, |J|^2,$$
d. h.
$$|Y_{z^\alpha \bar{z}^\beta}| \geqq c\, e^Y. \qquad (4.9)$$
Es sei jetzt
$$E = \{(z, \bar{z}): (z, \bar{z}) \in D,\, Y > \hat{\Phi}\}.$$
Man setze $\psi = Y - \hat{\Phi}$ und nehme an, ψ habe ein positives Maximum in D, etwa in $(z, \bar{z})$. Dieser Punkt kann offenbar nur auf der Teilmenge von D mit $|J| > 0$ liegen. Nun gilt nach einem bekannten Satz (man vgl. [1] und [2]) für die (maximale) Stelle $(z, \bar{z})$ die Ungleichung
$$\psi_{z^\alpha \bar{z}^\beta}\, dz^\alpha\, d\bar{z}^\beta \leqq 0, \qquad (4.10)$$
also wegen $\psi = Y - \hat{\Phi}$,
$$Y_{z^\alpha \bar{z}^\beta}\, dz^\alpha\, d\bar{z}^\beta \leqq \hat{\Phi}_{z^\alpha \bar{z}^\beta}\, dz^\alpha\, d\bar{z}^\beta. \qquad (4.11)$$

---

[11] $w[D]$ bedeutet die Bildmenge von D durch das System $w = (w^1, \ldots, w^n)$.

Das hat zur Folge, da beide quadratische Formen in $(z, \bar{z})$ positiv definit sind[12], daß in $(z, \bar{z})$

$$|Y_{z^\alpha \bar{z}^\beta}| \leq |\hat{\Phi}_{z^\alpha \bar{z}^\beta}|, \tag{4.12}$$

also wegen (4.9) und (4.4) $V(w, \bar{w})|J|^2 \leq \hat{V}(z, \bar{z})$, d. h. $Y \leq \hat{\Phi}$ gelten muß, was gegen die Voraussetzung $Y > \hat{\Phi}$ in $(z, \bar{z})$ ist. Andererseits gilt wegen (4.3)

$$\lim_{(z, \bar{z}) \to \Gamma} \psi = -\infty. \tag{4.13}$$

Das hat wieder, nach einem klassischen Satz von WEIERSTRASS zur Folge, daß ψ sein Supremum in D (und nicht auf dessen Rande) erreichen muß. Somit ist die Menge E leer, und es gilt (4.8) in D.

Die Bedingung (4.7) kann aufgehoben werden, falls es eine Folge $(f, \bar{f})$ von holomorphen Abbildungen $f_n = (f_n^1, \ldots, f_n^n)$ von D in sich gibt mit der Eigenschaft $\hat{f_n}[D] \subset D \; (\forall n)$. Da dieser Satz in einer mehr oder weniger äquivalenten Form verwendet wird, soll er hier, ohne Beweis, formuliert werden:

Satz 4. *Es bezeichne* $(w_n, \bar{w}_n): D \to D$ *eine Folge von holomorphen Abbildungen mit der Eigenschaft*

$$\hat{w}_n[D] \subset D. \tag{4.14}$$

Konvergieren dann die $w_n = (w_n^1, \ldots, w_n^n)$ *gleichmäßig in* D *gegen eine holomorphe Abbildung* $(w, \bar{w}): D \to D$, *so gilt die Ungleichung* (4.8).

Man kann neben den Abbildungen $(w, \bar{w})$ auch die Gebiete D variieren lassen. Die Sätze 1 und 2 gelten dann unverändert für das Grenzgebiet D einer aufsteigenden Folge (D_n) von im Sinne der Ungleichung $\hat{D}_n \subset H^n$ kompakten Teilmengen D_n, sofern für jedes D_n die Ungleichung (4.8) gilt. Dies soll hier für die wichtigen Fälle $D = C_n'$ und $D = C_n''$ gezeigt werden.

5. Verzerrungssätze vom Pick-Schwarzschen Typus für die Hauptbereiche C_n' und C_n''

Die Behandlung der Fälle $D = C_n'$ und $D = C_n''$ erfordert im Gegensatz zu dem Fall $D = C_n$ die Ausschöpfung von D durch eine monoton ansteigende Folge (D_k) von im Sinne der Ungleichung $\hat{D}_k \subset D$ relativ kompakten Bereichen D_k.

---

[12] Einen Beweis dieser Tatsache findet der Leser in [1] und [2].

Zunächst soll kurz der Fall $D = C_n$ ($n \geq 1$) erläutert werden:
Es sei

$$\hat{V}(z, \bar{z}) = \frac{1}{(1 - \|z\|^2)^{n+1}} \quad ((z, \bar{z}) \in C_n) \tag{5.1}$$

und $V(z, \bar{z})$ eine in C_n definierte reellwertige Funktion von $(z, \bar{z})$, welche den Bedingungen (i), (ii) und (iii) von 4 genügt. Man betrachte die Abbildung $w: C_n \to C_n$ und setze für ein r, $0 < r < 1$, $w^* = (w_*^1, \ldots, w_*^n)$ mit $w_*^k = r w_k$. Dann folgt aus dem Satz 3 die Ungleichung

$$V(w^*, \bar{w}^*) |J^*|^2 \leq \hat{V}(z, \bar{z}), \tag{5.2}$$

mit

$$J^* = \det\left[\frac{\partial w_*^i}{\partial z^k}\right].$$

Läßt man hier $r \to 1$ konvergieren, so erhält man die Ungleichung

$$V(w, \bar{w}) |J|^2 \leq \hat{V}(z, \bar{z}). \tag{5.3}$$

Insbesondere gilt

$$\hat{V}(w, \bar{w}) |J|^2 \leq \hat{V}(z, \bar{z}). \tag{5.4}$$

Bei der Aufstellung eines entsprechenden Satzes für den (nicht beschränkten) Bereich C'_n kann wegen $C'_1 = C''_1$ ohne Einschränkung der Allgemeinheit $n \geq 2$ angenommen werden:

Es sei $\Phi = \log V$ eine Sublösung der Differentialgleichung (4.1) mit $c = c' = (2n)^n$ und

$$\hat{\Phi} = \log \hat{V}(z, \bar{z}) = \log \frac{1}{(Z_1^2 - Z_0^2)^n} \tag{5.5}$$

mit $Z_0^2 = \sum_{2}^{n} Z_k^2$. Wir betrachten eine Abbildung $(w, \bar{w}): C'_n \to C'_n$ durch die holomorphen Funktionen $w^1, \ldots, w^n$ und beweisen den

Satz 5. *In jedem Punkt $(z, \bar{z})$ von C'_n ($n \geq 2$) gilt die Ungleichung*

$$V(w, \bar{w}) |J|^2 \leq \hat{V}(z, \bar{z}). \tag{5.6}$$

Beweis. Wir setzen für $h, d > 0$, $h < d$

$$C'^h_d = \{(z, \bar{z}): d > Z_1 > h, (Z_1 - h)^2 - Z_0^2 > 0\} \tag{5.7}$$

und schreiben zur Vereinfachung Z_1 für $Z_1 - h$. Ferner setzen wir

$$\psi = \log U^* - \log \hat{V} - \log V^1 = \Phi^* - \hat{\Phi} - \Phi^1 \tag{5.8}$$

mit

$$U^* = U^*(z, \bar{z}) = V(w, \bar{w}) |J|^2$$

und
$$V^1 = V^1(z, \bar{z}) = \left(\frac{d^2}{d^2 - Z_1^2}\right)^q \quad (q \geq 3n).$$

Da U^* auf $\Gamma = \hat{C}_d'^h - C_d'^h$ nach oben beschränkt und somit
$$\lim_{(z, \bar{z}) \to \Gamma} \psi(z, \bar{z}) = -\infty$$
gilt, muß ψ ihr Maximum in einem Punkt von $C_d'^h$, etwa in $(z, \bar{z})$ annehmen. Das liefert die Ungleichung
$$\psi_{z^\alpha \bar{z}^\beta} dz^\alpha d\bar{z}^\beta \leq 0, \tag{5.9}$$
d.h.
$$\Phi^*_{z^\alpha \bar{z}^\beta} dz^\alpha d\bar{z}^\beta \leq (\hat{\Phi}_{z^\alpha \bar{z}^\beta} + \Phi^1_{z^\alpha \bar{z}^\beta}) dz^\alpha d\bar{z}^\beta.$$

Das liefert mit Rücksicht darauf, daß die in Frage kommenden quadratischen Formen positiv definit sind, die Ungleichung
$$|\Phi^*_{z^\alpha \bar{z}^\beta}| \leq |\hat{\Phi}_{z^\alpha \bar{z}^\beta} + \Phi^1_{z^\alpha \bar{z}^\beta}|. \tag{5.10}$$

Andererseits gilt nach dem Hilfssatz 9
$$|\hat{\Phi}_{z^\alpha \bar{z}^\beta} + \Phi^1_{z^\alpha \bar{z}^\beta}| = c' \hat{V}(z, \bar{z}) + \Phi^1_{z^1 \bar{z}^1} |\hat{\Phi}_{z^\alpha \bar{z}^\beta}|_{n-1}.$$

Daraus ergibt sich wegen
$$|\Phi^*_{z^\alpha \bar{z}^\beta}| \geq c' V(w, \bar{w}) |J|^2$$
die Ungleichung
$$c' \hat{V}(w, \bar{w}) |J|^2 \leq c' V(z, \bar{z}) + \Phi^1_{z^1 \bar{z}^1} |\hat{\Phi}_{z^\alpha \bar{z}^\beta}|_{n-1}. \tag{5.11}$$

Man nehme nun an, das Maximum von ψ sei positiv. Dann folgt aus (5.11) die Ungleichung
$$\hat{V}(z, \bar{z}) \left(\frac{d^2}{d^2 - Z_1^2}\right)^q \leq \hat{V}(z, \bar{z}) + \frac{1}{c'} \Phi^1_{z^1 \bar{z}^1} |\Phi_{z^\alpha \bar{z}^\beta}|_{n-1},$$
und mithin auch die Ungleichung
$$\left(\frac{d^2}{d^2 - Z_1^2}\right)^q \leq 1 + \frac{q}{n} \frac{d^2 + Z_1^2}{(d^2 - Z_1^2)^2} \sum_1^n Z_k^2.$$

Da diese (nach dem Hilfssatz 10) in $C_d'^h$ nicht erfüllt werden kann, so muß $\psi \leq 0$ in $\hat{C}_d'^h$ gelten und somit auch
$$V(w, \bar{w}) |J|^2 \leq \hat{V}(z, \bar{z}) V^1(z, \bar{z})$$

für jedes System $w = (w_1, \ldots, w_n)$. Daraus folgt durch Grenzübergang $h \to 0$ und $d \to +\infty$ (bei festem $z = (z^1, \ldots, z^n)$) die Ungleichung (5.6).

Der Fall $D = C''_n$ ($n \geq 1$) läßt sich analog behandeln.

Satz 6. *Es sei $c'' = 2^n$ und es sei $\Phi = \log V$ eine Sublösung der Differentialgleichung*

$$|\hat{\Phi}_{z^\alpha \bar{z}^\beta}| = c'' e^{\hat{\Phi}} \tag{5.12}$$

mit

$$\hat{\Phi} = \log \hat{V}(z, \bar{z}) = \log \frac{1}{\sqcap (z, \bar{z})^2} = \log \frac{1}{\sqcap^2}$$

und

$$\sqcap^2 = \prod_1^n Z_k^2$$

in C''_n. Ist dann $(w, \bar{w}): C''_n \to C''_n$ eine holomorphe Abbildung von C''_n in C''_n, so gilt die Ungleichung

$$V(w, \bar{w}) |J|^2 \leq \hat{V}(z, \bar{z}). \tag{5.13}$$

Beweis. Wir setzen für $k = 1, \ldots, n$ $z'^k = z^k + h$ ($h > 0$ fest) und betrachten das kartesische Produkt der Kreisscheiben

$$\{(z^\alpha, \bar{z}^\alpha): Z_\alpha > 0, |\varepsilon^{\frac{1}{2}} z^\alpha - \varepsilon^{-\frac{1}{2}}|^2 < \varepsilon^{-1}, \alpha = 1, \ldots, n\}$$

d.h. das Gebiet

$$C''_\varepsilon = \{(z, \bar{z}): Z_\alpha > 0, Z_\alpha - \varepsilon |z^\alpha|^2 > 0, \alpha = 1, \ldots, n\}$$

mit einem festen und hinreichend kleinen $\varepsilon > 0$. Ähnlich wie vorhin bezeichnen wir die Funktionen $w^k(z^1 + h, \ldots, z^n + h)$ durch w^k_*.

Sei wieder

$$\psi = \Phi^* - \Phi^1 = \log U^* - \log V^1 \tag{5.14}$$

mit

$$V^1 = \prod_1^n \frac{1+\varepsilon}{(Z_\alpha - \varepsilon |z^\alpha|^2)^2} = \frac{(1+\varepsilon)^n}{\sqcap_\varepsilon^2}$$

und

$$U^* = V(w^*, \bar{w}^*) |J^*|^2 \tag{5.15}$$

gesetzt. Wir betrachten die (offene) Teilmenge

$$E = \{(z, \bar{z}): (z, \bar{z}) \in C''_\varepsilon, \Phi^* > \Phi^1\}$$

und nehmen an, E sei nicht leer. Dann kann wegen

$$\lim_{(z, \bar{z}) \to \Gamma_\varepsilon} \psi = -\infty \quad (\Gamma_\varepsilon = \hat{C}''_\varepsilon - C''_\varepsilon), \tag{5.16}$$

keine Komponente E_1 von E Punkte von Γ_ε enthalten. Daraus folgt, daß es einen Punkt, etwa $(z, \bar{z})$ von E gibt derart, daß ψ dort ihr Supremum annimmt. Das liefert wieder die Ungleichung

$$\Phi^*_{z^\alpha \bar{z}^\beta} dz^\alpha d\bar{z}^\beta \leqq \Phi^1_{z^\alpha \bar{z}^\beta} dz^\alpha d\bar{z}^\beta, \tag{5.17}$$

und somit auch ([1] und [2]) die Abschätzung

$$|\Phi^*_{z^\alpha \bar{z}^\beta}| \leqq |\Phi^1_{z^\alpha \bar{z}^\beta}|. \tag{5.18}$$

Nun gilt nach dem Hilfssatz 11

$$|\Phi^1_{z^\alpha \bar{z}^\beta}| = 2^n \sqcap_\varepsilon^{-2}$$

und (da dort $|J| > 0$ gelten muß)

$$|\Phi^*_{z^\alpha \bar{z}^\beta}| \geqq 2^n U^*.$$

Daher wird wegen $U^* \geqq V^1$

$$2^n (1 + \varepsilon)^n \sqcap_\varepsilon^{-2} \leqq 2^n \sqcap_\varepsilon^{-2},$$

was offenbar falsch ist. Somit gilt

$$U^* \leqq (1 + \varepsilon)^n \sqcap_\varepsilon^{-2} \tag{5.19}$$

in jedem Punkt von C''_ε, also ($h \to 0$, $\varepsilon \to 0$!) auch (5.13). Insbesondere gilt

$$\frac{|J|^2}{\sqcap (w, \bar{w})^2} \leqq \frac{1}{\sqcap (z, \bar{z})^2} \quad ((z, \bar{z}) \in C''_n) \tag{5.20}$$

mit

$$\sqcap (w, \bar{w}) = \prod_1^n (w^k + \bar{w}^k), \quad \sqcap (z, \bar{z}) = \prod_1^n (z^k + \bar{z}^k).$$

6. Bemerkungen

Spezielle Kähler-Metrisierungen sind lange vor BERGMAN und KÄHLER vorgenommen worden. Die einfachste (und älteste) davon scheint die Metrik

$$ds^2 = \frac{(1 - \|z\|^2) \|dz\|^2 + |z^\alpha d\bar{z}^\alpha|^2}{(1 - \|z\|^2)^2} \tag{6.1}$$

zu sein, die vorerst von FUBINI[13] benutzt wurde. Die Übereinstimmung von $(1 - \|z\|^2)^{-(n+1)}$ mit der Bergmanschen Kernfunktion für C_n wurde mir, nachdem die Arbeit [2] Herrn SCHIFFER im Manuskript vorlag, von ihm Anfang März 1967 zusammen

---

[13] Die Literatur für die klassischen Arbeiten zur Theorie der automorphen Funktionen mehrerer komplexer Veränderlichen findet der Leser in [6].

mit einer kurzen Ableitung von (1.6) aus der Bergmanschen Theorie mitgeteilt. Jedoch weder (1.6), noch die Berechnung von $(1 - \|z\|^2)^{-(n+1)}$ für ein allgemeines n lag bis dahin vor. Auch in dem unter [7] angeführten Buch von EPSTEIN werden die Rechnungen (und viele Sätze) nur für $n = 2$ durchgeführt. Der Grund dafür liegt im wesentlichen darin, daß der Hilfssatz 1 fehlt. Auch die Verbindung mit dem Ricci-Tensor ist in dieser Form erstmalig in [1] in Zusammenhang mit dem allgemeinen Satz 1 festgestellt worden. Daß man die Bergmansche Methode und die in [1, 2] sowie in der vorliegenden Arbeit entwickelte Methode erfolgreich verbinden kann, zeigt die kurze Publikation [8] von MITCHELL und HAHN[14]. Die beiden Autoren geben hier (ähnlich wie in [3]) weitere Anwendungen meiner (im Anschluß an die Arbeit [5] von AHLFORS) in [1] entwickelten differentialgeometrischen Methode und erhalten durch Heranziehung der Bergmanschen Kernfunktion (die als weiterer Ausbau der Methode bei der Diskussion nach meinem Vortrag an der Pennsylvania State University in Betracht gezogen wurde) interessante Resultate für homogene (Bergmansche) Gebiete von H^n. Auch hier bleibt der methodische Gang von [1] unverändert. Sowohl [8] als auch [3] liefern einen erneuten Beweis für die Unentbehrlichkeit des Hilfssatzes 1 von [1] bei der Aufstellung von Verzerrungssätzen vom Schwarz-Pickschen Typus. Weitere Anwendungen in dieser Richtung liefert die vorliegende Arbeit.

Die Heranziehung der Theorie der Kernfunktion eines Gebietes beantwortet gleichzeitig die Frage nach einem (maximalen) metrischen Tensor $[g_{\alpha\bar{\beta}}]$, sofern es sich um homogene Gebiete D handelt. Andererseits dürfte der in der vorliegenden Arbeit verfolgte Gesichtspunkt, den Begriff der Bergmanschen Kernfunktion (für beschränkte und unbeschränkte Gebiete) durch eine plurisubharmonische Lösung $\hat{\Phi}$ der partiellen Differentialgleichung

$$|\Phi_{z^\alpha \bar{z}^\beta}| = e^\Phi \qquad (6.2)$$

und

$$\lim_{(z,\bar{z}) \to \Gamma} \Phi = +\infty \qquad (\Gamma = \hat{D} - D) \qquad (6.3)$$

---

[14] Die Arbeit [8] von MITCHELL und HAHN erschien, als das Manuskript der vorliegenden Arbeit bis zu dieser Stelle fortgeschritten war. Ich kann hier nur darauf hinweisen. Auf einige Erkenntnisse, die durch diese Arbeit gewonnen wurden (vgl. auch [2]), beabsichtige ich, in einer späteren Arbeit zurückzukommen.

zu erfassen (und auch dadurch zu definieren), nicht ohne Interesse sein. Das gleiche dürfte auch für die Untersuchung derjenigen Ausnahmemengen auf Γ, welche die Gültigkeit der Ungleichungen (4.8), (5.3), (5.4) und (5.6) nicht beeinträchtigen, gelten. Ob hier die Methoden der partiellen Differentialgleichungen stärker sein werden, als die Bergmanschen ist zunächst schwer zu entscheiden und wohl kaum anzunehmen.

Die Frage nach der Struktur derjenigen Teilmenge D_0 von D mit der Eigenschaft, daß das Eintreten des Gleichheitszeichens in (1.8), (4.8), (5.3), (5.4) und (5.6) die Gleichheit in D nach sich zieht, dürfte schwierig sein. Die Biholomorphie (BERGMAN) im allgemeinen Fall sowie die Bewegung durch die entsprechende automorphe Gruppe, ist wohl eine mehr oder weniger triviale Folgerung, falls D_0 und D das gleiche Maß besitzen. Hierfür ist wohl BERGMANs Ergebnis von Bedeutung.

Zum Schluß darf vielleicht noch die Bemerkung hinzugefügt werden, daß man bei der Formulierung des Satzes 3 ohne weiteres auch Superlösungen von (6.2) verwenden kann. Diese werden durch die Forderungen (1.14) und (6.3) sowie

$$|\Phi_{z^\alpha \bar{z}^\beta}| \leqq e^\Phi$$

definiert. Der Übergang von (6.2) zu der Gleichung

$$|\hat{\Phi}_{z^\alpha \bar{z}^\beta}| = c\, e^{\hat{\Phi}} \quad (c = \text{Konstante}) \tag{6.4}$$

wird durch die Substitution $\Phi \to \hat{\Phi} + \text{Konstante}$ bewerkstelligt. Hat man (6.4) und eine Sublösung Φ von

$$|\Phi_{z^\alpha \bar{z}^\beta}| = c_1\, e^\Phi \quad (c_1 = \text{Konstante} > 0), \tag{6.5}$$

so führt die Substitution $\Phi = \Phi^* + \log(c\, c_1^{-1})$ zu der Ungleichung

$$|\Phi^*_{z^\alpha \bar{z}^\beta}| \geqq c\, e^{\Phi^*} \tag{6.6}$$

und somit zu der Abschätzung

$$V(w, \bar{w})\, |J|^2 \leqq \frac{c}{c_1}\, \hat{V}(z, \bar{z}). \tag{6.7}$$

Hierbei ist, wie beim Satz 3, $\Phi = \log V$ gesetzt. Spezielle Anwendungen von (6.7) findet der Leser in [1] und [9].

Die Übertragung des Satzes 3 auf nicht beschränkte Gebiete D erfolgt durch Ausschöpfung von D durch eine ansteigende Folge (D_k) von kompakten Bereichen D_k, sofern die entsprechenden

Funktionen $\hat{V}_k$ (die mit wachsendem k abnehmen) gegen eine Grenzfunktion $\hat{V}$ konvergieren. Diese Zusammenhänge sind jedoch aus der Theorie der Bergmanschen Kernfunktion des zugehörigen Gebietes bekannt und sollen hier zunächst nicht weiter verfolgt werden.

Zum Schluß möchte ich meinem Assistenten Herrn Dipl.-Math. H. BEGEHR für seine Hilfe bei der Korrekturarbeit meinen Dank aussprechen.

Literatur

1. DINGHAS, A.: Ein n-dimensionales Analogon des Schwarz-Pickschen Satzes für holomorphe Abbildungen der komplexen Einheitskugel in eine Kähler-Mannigfaltigkeit. Festschrift zur Gedächtnisfeier für WEIERSTRASS 1815—1965. Wissenschaftliche Abhandlungen der Arbeitsgemeinschaft für Forschung des Landes Nordrhein-Westfalen 33. Köln-Opladen: Westdeutscher Verlag 1966.
2. — Über das Schwarzsche Lemma und verwandte Sätze. Israel J. Math. 5, 157—169 (1967).
3. MITCHELL, J., and K. HAHN: Generalisation of Schwarz-Pick lemma to invariant volume in a Kähler-manifold. Bull. Am. Math. Soc. 73, 668—670 (1967).
4. YANO, K., and S. BOCHNER: Curvature and Betti numbers. Princ., New Jersey: Princeton Univ. Press 1953.
5. AHLFORS, L. V.: An extension of SCHWARZ's lemma. Trans. Am. Math. Soc. 43, 359—364 (1938).
6. FUBINI, G.: Introduzione alla teoria dei gruppi discontinui e delle funzioni automorfe. XIII + 416 S. Pisa: Spoerri 1908.
7. EPSTEIN, B.: Orthogonal families of analytic functions. New York: The Macmillan Company 1965.
8. MITCHELL, J., and K. HAHN: Generalisation of Schwarz-Pick lemma to invariant volume in a Kähler manifold. Trans. Am. Math. Soc. 128, 221—231 (1967).
9. DINGHAS, A.: Über einen allgemeinen Verzerrungssatz für beschränkte Minimalflächen. Jahresber. DMV 69, 152—160 (1967).

Inhalt des Jahrgangs 1953/55:

1. Y. REENPÄÄ. Über die Struktur der Sinnesmannigfaltigkeit und der Reizbegriffe. DM 3.50.
2. A. SEYBOLD. Untersuchungen über den Farbwechsel von Blumenblättern, Früchten und Samenschalen. DM 13.90.
3. K. FREUDENBERG und G. SCHUHMACHER. Die Ultraviolett-Absorptionsspektren von künstlichem und natürlichem Lignin sowie von Modellverbindungen. DM 7.20.
4. W. ROELCKE. Über die Wellengleichung bei Grenzkreisgruppen erster Art. DM 24.30.

Inhalt des Jahrgangs 1956/57:

1. E. RODENWALDT. Die Gesundheitsgesetzgebung der Magistrato della sanità Venedigs 1486—1550. DM 13.—.
2. H. REZNIK. Untersuchungen über die physiologische Bedeutung der chymochromen Farbstoffe. DM 16.80.
3. G. HIERONYMI. Über den altersbedingten Formwandel elastischer und muskulärer Arterien. DM 23.—.
4. Symposium über Probleme der Spektralphotometrie. Herausgegeben von H. KIENLE. DM 14.60.

Inhalt des Jahrgangs 1958:

1. W. RAUH. Beitrag zur Kenntnis der peruanischen Kakteenvegetation. DM 113.40.
2. W. KUHN. Erzeugung mechanischer aus chemischer Energie durch homogene sowie durch quergestreifte synthetische Fäden. DM 2.90.

Inhalt des Jahrgangs 1959:

1. W. RAUH und H. FALK. Stylites E. Amstutz, eine neue Isoëtacee aus den Hochanden Perus. 1. Teil. DM 23.40.
2. W. RAUH und H. FALK. Stylites E. Amstutz, eine neue Isoëtacee aus den Hochanden Perus. 2. Teil. DM 33.—.
3. H. A. WEIDENMÜLLER. Eine allgemeine Formulierung der Theorie der Oberflächenreaktionen mit Anwendung auf die Winkelverteilung bei Strippingreaktionen. DM 6.30.
4. M. EHLICH und M. MÜLLER. Über die Differentialgleichungen der bimolekularen Reaktion 2. Ordnung. DM 11.40.
5. Vorträge und Diskussionen beim Kolloquium über Bildwandler und Bildspeicherröhren. Herausgegeben von H. SIEDENTOPF. DM 16.20.
6. H. J. MANG. Zur Theorie des α-Zerfalls. DM 10.—.

Inhalt des Jahrgangs 1960/61:

1. R. BERGER. Über verschiedene Differentenbegriffe. DM 8.40.
2. P. SWINGS. Problems of Astronomical Spectroscopy. DM 3.50.
3. H. KOPFERMANN. Über optisches Pumpen an Gasen. DM 5.80.
4. F. KASCH. Projektive Frobenius-Erweiterungen. DM 6.—.
5. J. PETZOLD. Theorie des Mößbauer-Effektes. DM 13.80.
6. O. RENNER†. William Bateson und Carl Correns. DM 4.—.
7. W. RAUH. Weitere Untersuchungen an Didiereaceen. 1. Teil. DM 43.80.

MIX
Papier aus verantwortungsvollen Quellen
Paper from responsible sources
FSC® C105338

If you have any concerns about our products,
you can contact us on
ProductSafety@springernature.com

In case Publisher is established outside the EU,
the EU authorized representative is:
**Springer Nature Customer Service Center GmbH
Europaplatz 3, 69115 Heidelberg, Germany**

Printed by Libri Plureos GmbH
in Hamburg, Germany